Debrupa Pal

Desbloquear a inovação: Explorar o mundo da IA generativa

Debrupa Pal

Desbloquear a inovação: Explorar o mundo da IA generativa

ScienciaScripts

Cover image: www.ingimage.com

This book is a translation from the original published under ISBN 978-620-8-06570-6.

Publisher:
Sciencia Scripts
is a trademark of
Dodo Books Indian Ocean Ltd. and OmniScriptum S.R.L publishing group

120 High Road, East Finchley, London, N2 9ED, United Kingdom
Str. Armeneasca 28/1, office 1, Chisinau MD-2012, Republic of Moldova, Europe
Managing Directors: Ieva Konstantinova, Victoria Ursu
info@omniscriptum.com

Printed at: see last page
ISBN: 978-620-8-56506-0

ÍNDICE

Introdução

A Inteligência Artificial (IA) generativa está na vanguarda da inovação tecnológica, representando uma mudança de paradigma na forma como as máquinas percepcionam, aprendem e criam. Esta abordagem revolucionária à IA permite que os sistemas gerem conteúdos de forma autónoma, exibindo um nível de criatividade e de resolução de problemas que outrora era apenas atribuído à inteligência humana. Ao contrário da IA tradicional, que assenta na programação explícita e em sistemas baseados em regras, a IA generativa utiliza técnicas avançadas de aprendizagem automática, nomeadamente a aprendizagem profunda, para compreender e reproduzir padrões complexos nos dados.

Na sua essência, a IA generativa funciona com base no princípio da aprendizagem a partir de exemplos, inspirando-se nos vastos conjuntos de dados a que é exposta durante a formação. Isto permite que o sistema desenvolva uma compreensão intrínseca das estruturas e relações subjacentes nos dados, permitindo-lhe gerar conteúdos novos e contextualmente relevantes. O advento da IA generativa foi impulsionado pela evolução das redes neuronais, especialmente as redes adversariais generativas (GAN) e as redes neuronais recorrentes (RNN), que demonstraram capacidades excepcionais em tarefas que vão desde a síntese de imagens ao processamento de linguagem natural.

Uma das contribuições inovadoras da IA generativa é a sua capacidade de criar conteúdos realistas e inovadores em domínios como a síntese de imagens. As GAN, introduzidas por Ian Goodfellow e os seus colegas em 2014, surgiram como uma arquitetura fundamental para este fim. As GAN são compostas por um gerador e uma rede discriminadora envolvidos num ciclo de feedback contínuo. O gerador tem como objetivo produzir conteúdo indistinguível de exemplos reais, enquanto o discriminador aprende a diferenciar entre conteúdo genuíno e gerado.

Este processo de formação contraditório faz com que o gerador melhore continuamente a sua capacidade de criar resultados cada vez mais convincentes.

O impacto da IA generativa estende-se muito para além do domínio dos conteúdos visuais. No processamento de linguagem natural, as RNN e as suas variantes, como as redes de Memória de Curto Prazo Longo (LSTM), demonstraram uma proficiência notável em tarefas de geração de linguagem. Estes modelos são excelentes na compreensão da natureza sequencial da linguagem, permitindo-lhes produzir texto coerente e contextualmente relevante. As aplicações vão desde os chatbots e a tradução de línguas até à produção de escrita criativa e poesia.

A versatilidade da IA generativa torna-se particularmente evidente na sua adaptabilidade a diversos domínios. Quer se trate de gerar composições musicais, de conceber novos produtos ou de simular experiências científicas, os princípios subjacentes permanecem consistentes. A capacidade dos modelos generativos para captar e reproduzir padrões intrincados nos dados torna-os ferramentas inestimáveis para investigadores, artistas e indústrias que procuram soluções inovadoras para problemas complexos.

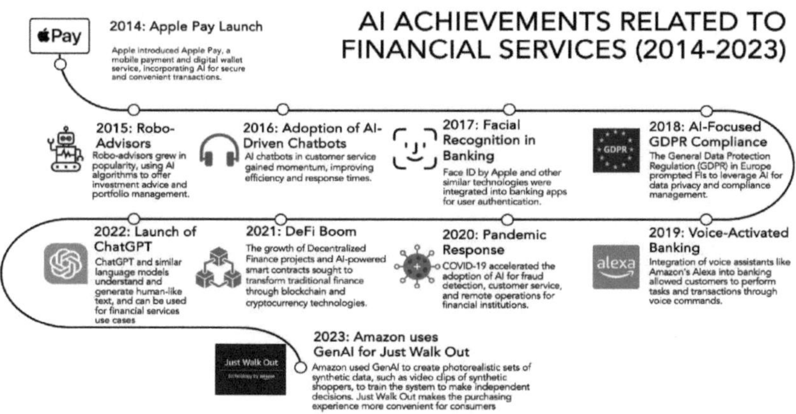

Figura 1: Realizações da IA relacionadas com os serviços financeiros

No entanto, o aumento da IA generativa também levanta considerações e desafios éticos. O potencial uso indevido dessas tecnologias para a geração de deepfakes, desinformação ou outras actividades maliciosas apresenta riscos significativos para a sociedade . Encontrar um equilíbrio entre a promoção da inovação e a garantia de uma utilização responsável da IA generativa exige uma análise cuidadosa das diretrizes éticas e dos quadros regulamentares.

À medida que a IA generativa continua a evoluir, a integração da aprendizagem por reforço melhora ainda mais as suas capacidades. Este paradigma envolve o treino de modelos para tomar decisões e acções em ambientes dinâmicos, aprendendo com o feedback para otimizar o seu desempenho. A aprendizagem por reforço abre novas possibilidades para a IA generativa em tarefas que exigem a tomada de decisões, como jogos, robótica e sistemas autónomos.

Em conclusão, a IA generativa representa um salto transformador nas capacidades da inteligência artificial. A sua capacidade de gerar conteúdos de forma autónoma, desde imagens e texto a música e muito mais, sublinha o seu potencial para remodelar as indústrias e redefinir as interações homem-máquina. Embora este domínio continue a avançar a um ritmo acelerado, o desenvolvimento e a aplicação responsáveis da IA generativa continuam a ser fundamentais para aproveitar os seus benefícios sem comprometer as considerações éticas. À medida que navegamos nesta era de progresso tecnológico sem precedentes, a fusão da criatividade e da inteligência artificial promete desbloquear novas fronteiras e alargar os limites do que as máquinas podem alcançar.

Arquitetura de IA generativa

A Inteligência Artificial (IA) generativa é um domínio em rápida evolução que se centra na criação de máquinas capazes de produzir conteúdos criativos e originais. Isto pode incluir a geração de texto, imagens, música e até cenários inteiros. A arquitetura e os processos subjacentes à IA generativa são complexos e multifacetados, baseando-se em várias técnicas e modelos. Nesta exploração, iremos aprofundar a estrutura da arquitetura e os processos subjacentes à IA generativa, destacando os principais conceitos e avanços.

Arquitetura de IA generativa: Uma visão geral

A arquitetura da IA generativa engloba o quadro e a estrutura subjacentes que permitem às máquinas gerar conteúdos. Envolve a integração de vários componentes e modelos para alcançar o resultado pretendido. Eis alguns aspectos fundamentais da arquitetura de IA generativa:

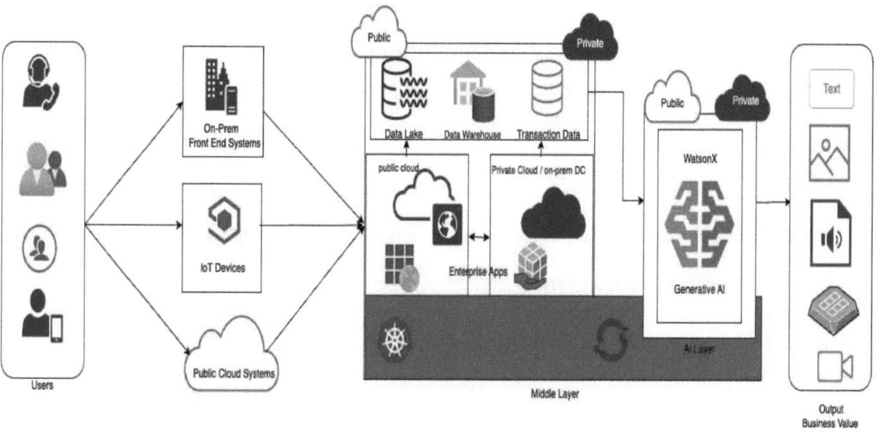

Figura 2: Diagrama da arquitetura da IA generativa

Redes Neuronais:

Modelos generativos: No centro da IA generativa estão os modelos generativos, que são uma classe de modelos de aprendizagem automática concebidos para gerar novas amostras de dados que se assemelham aos dados de treino. Exemplos notáveis incluem os Autoencoders Variacionais (VAEs), as Redes Adversárias Generativas (GANs) e os modelos auto-regressivos, como as arquitecturas baseadas no Transformer.

Modelos discriminativos: Enquanto os modelos generativos se concentram na geração de novos dados, os modelos discriminativos têm como objetivo distinguir entre diferentes classes ou categorias.

Tanto os modelos generativos como os modelos discriminativos desempenham papéis cruciais na formação e no aperfeiçoamento do sistema de IA generativa.

Redes Adversariais Generativas (GANs):

As redes adversariais generativas (GAN) representam um avanço revolucionário no domínio da inteligência artificial, nomeadamente no domínio dos modelos generativos. Introduzidas por Ian Goodfellow e os seus colegas em 2014, as GANs têm atraído imensa atenção pela sua capacidade de gerar dados sintéticos realistas e de alta qualidade, desde imagens a texto e muito mais. Esta nova abordagem à modelação generativa encontrou aplicações em vários domínios, incluindo a visão por computador, a síntese de imagens, a transferência de estilos e até a descoberta de medicamentos.

No centro das GANs está uma arquitetura única que consiste em duas redes neuronais, o gerador e o discriminador, envolvidas num processo de aprendizagem competitivo e cooperativo. O gerador é responsável pela criação de dados sintéticos, enquanto a tarefa do discriminador é distinguir entre amostras reais e geradas. A interação entre estas duas redes conduz a um processo de formação em que o gerador aperfeiçoa continuamente os seus resultados para enganar o discriminador, e o discriminador adapta-se para se tornar mais perspicaz. A formação de GANs é semelhante a um jogo do gato e do rato, em que o gerador se esforça por produzir dados que sejam indistinguíveis dos dados reais, e o discriminador trabalha para se tornar cada vez mais hábil na diferenciação entre amostras genuínas e sintéticas. Este processo contraditório resulta no aperfeiçoamento de ambas as redes ao longo do tempo, acabando por produzir um gerador capaz de produzir resultados altamente realistas. O equilíbrio alcançado durante o treino é conhecido como equilíbrio de Nash, em que o gerador gera dados tão realistas que o discriminador não consegue distinguir de forma fiável entre amostras reais e sintéticas.

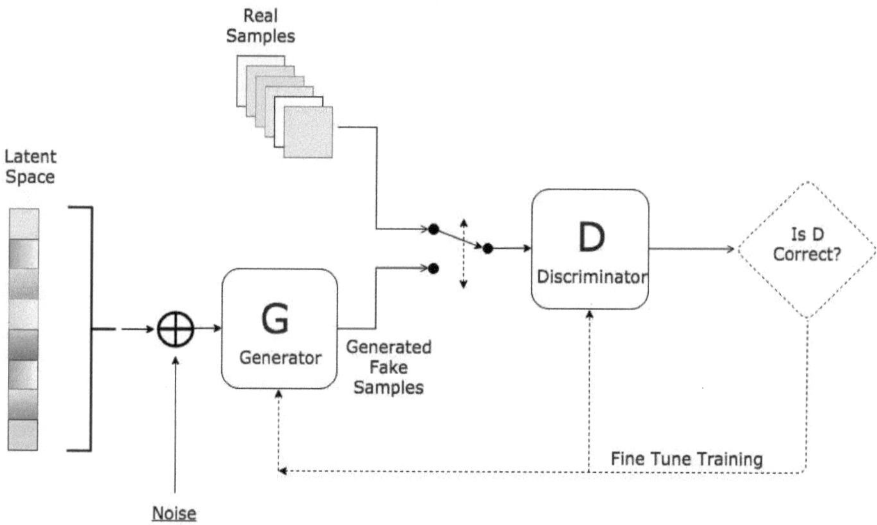

Figura 3: Diagrama das Redes Adversárias Generativas

Um dos principais pontos fortes dos GANs reside na sua capacidade de aprender distribuições de dados complexas e de elevada dimensão. Isto torna-os particularmente eficazes na geração de imagens realistas, uma tarefa que tem sido aproveitada para várias aplicações criativas, como a geração de arte e a criação de deepfake. A capacidade de gerar dados sintéticos que se assemelham muito aos dados reais também encontrou aplicações práticas no aumento de dados, em que os GANs são utilizados para expandir artificialmente conjuntos de dados para treinar modelos de aprendizagem automática, levando a uma melhor generalização e desempenho.

Os GANs deram passos significativos no domínio da síntese de imagens, dando origem a várias arquitecturas como o DCGAN (Deep Convolutional GAN), o StyleGAN e o BigGAN. A StyleGAN, por exemplo, introduzida pela NVIDIA, permite a geração de imagens de alta resolução com um realismo sem precedentes e o controlo de caraterísticas específicas. Isto tem implicações não só em domínios criativos, mas também em sectores como a moda, onde as experiências de experimentação virtual podem ser melhoradas através de imagens sintéticas realistas.

Apesar dos seus êxitos, as GAN apresentam desafios e preocupações éticas. Um dos principais desafios é o potencial de colapso do modo, em que o gerador produz variedades limitadas de resultados, não conseguindo explorar toda a diversidade da distribuição alvo. A estabilidade da formação e a possibilidade de o gerador produzir resultados tendenciosos ou indesejáveis são também áreas de investigação e desenvolvimento em curso. As preocupações éticas envolvem a utilização incorrecta das GAN para criar deepfakes, notícias falsas ou outros conteúdos enganadores, salientando a necessidade de uma utilização responsável e ética desta tecnologia.

Em conclusão, as Redes Adversariais Generativas representam um paradigma inovador na modelação generativa, permitindo a criação de dados sintéticos que são virtualmente indistinguíveis dos dados reais. As suas aplicações abrangem uma vasta gama de domínios, desde esforços criativos a soluções práticas como o aumento de dados. À medida que os investigadores continuam a aperfeiçoar e a expandir a arquitetura das GAN, o potencial de impacto transformador em várias indústrias continua a ser significativo, ao mesmo tempo que exige uma consideração cuidadosa das implicações éticas e de uma utilização responsável.

Autoencodificadores Variacionais (VAEs):

Os Autoencoders Variacionais (VAEs) representam um avanço significativo no campo da aprendizagem automática, particularmente no domínio dos modelos generativos. Introduzidos por Kingma e Welling em 2013, os VAEs combinam elementos dos autoencoders tradicionais com modelação probabilística, permitindo-lhes gerar novos pontos de dados que partilham caraterísticas com os dados de treino. Esta síntese de abordagens determinísticas e probabilísticas faz dos VAEs uma ferramenta poderosa para tarefas como a geração de imagens, a compressão de dados e a aprendizagem de representações.

Na sua essência, os VAEs são um tipo de modelo generativo concebido para aprender uma representação do espaço latente dos dados de entrada. Ao contrário dos autoencoders tradicionais, que mapeiam os dados de entrada para um espaço latente fixo, os VAEs introduzem um elemento probabilístico no processo de codificação. Esta natureza probabilística torna os VAEs mais flexíveis na captação da estrutura subjacente dos dados e permite-lhes gerar amostras diversas e realistas.

A principal inovação das VAE reside na utilização da inferência variacional para aproximar a distribuição posterior intratável das variáveis latentes. A rede de codificadores em VAE mapeia os dados de entrada para uma distribuição no espaço latente em vez de um ponto fixo. Esta distribuição é normalmente assumida como gaussiana e o codificador produz os parâmetros de média e variância desta distribuição. A operação de amostragem introduz estocasticidade, permitindo que o modelo capte a incerteza inerente aos dados.

O espaço latente gerado por uma VAE serve como uma representação comprimida e contínua dos dados de entrada. Esta propriedade torna as VAEs particularmente adequadas para tarefas em que é essencial compreender a estrutura subjacente ou gerar novas amostras. O espaço latente pode ser explorado para descobrir padrões significativos e interpolar entre diferentes pontos de dados, fornecendo informações sobre o coletor de dados.

O treino de uma VAE envolve a otimização de uma combinação de dois objectivos: a perda de reconstrução e a divergência KL. A perda de reconstrução mede a capacidade do modelo para reconstruir os dados de entrada a partir da sua representação latente. Isto incentiva a EVA a aprender um espaço latente significativo que preserva as caraterísticas essenciais da entrada. O termo de divergência KL penaliza a divergência entre a distribuição aprendida no espaço latente e a distribuição prévia assumida (geralmente uma Gaussiana padrão). Isto garante que o espaço latente é bem comportado e segue a distribuição desejada.

Uma das aplicações notáveis das VAE é a criação de imagens. Ao treinar num conjunto de dados de imagens, uma VAE pode aprender um espaço latente que capta os factores subjacentes de variação nas imagens. A amostragem a partir deste espaço latente permite ao modelo gerar imagens novas e realistas que se assemelham aos dados de treino. As VAEs têm sido utilizadas com sucesso em tarefas como a geração de rostos, dígitos e até cenas mais complexas.

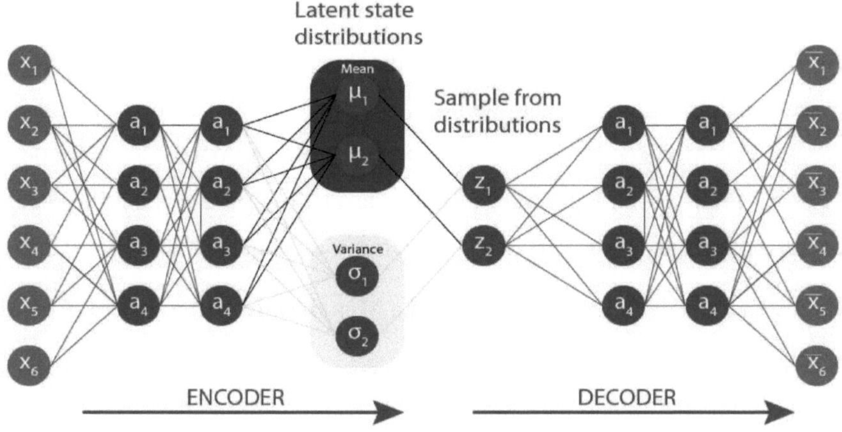

Figura 4: Diagrama de Autoencodificadores Variacionais

Apesar dos seus êxitos, as VAEs não estão isentas de desafios. O compromisso entre a precisão da reconstrução e a fidelidade das amostras geradas é uma preocupação comum . Encontrar o equilíbrio certo exige frequentemente uma afinação cuidadosa dos hiperparâmetros e da arquitetura do modelo. Além disso, garantir que o espaço latente capta caraterísticas semanticamente significativas é um desafio de investigação permanente.

Em conclusão, os Autoencoders Variacionais representam uma abordagem inovadora à modelação generativa, combinando elementos determinísticos e probabilísticos. A sua capacidade de aprender representações latentes contínuas e estruturadas torna-os valiosos em várias aplicações, desde a geração de imagens à aprendizagem de representações. Embora subsistam desafios, a investigação em curso continua a aperfeiçoar e a alargar as capacidades dos VAEs, tornando-os uma área de estudo promissora no panorama mais vasto da aprendizagem automática e da inteligência artificial.

Arquitecturas baseadas em transformadores:

As arquitecturas de transformadores, originalmente introduzidas para tarefas de processamento de linguagem natural, foram também adaptadas para fins generativos. Modelos como a série GPT (Generative Pre-trained Transformer) da OpenAI tiram partido dos mecanismos de atenção para captar informações contextuais, tornando-os versáteis para várias tarefas generativas.

Redes Neuronais Recorrentes (RNNs) e Memória de Longo Prazo (LSTM):

As redes RNN e LSTM são arquitecturas recorrentes que têm sido historicamente utilizadas para tarefas de geração de sequências. Embora não sejam tão predominantes como as GAN ou as VAE, continuam a desempenhar um papel em determinadas aplicações generativas.

Processo de IA generativa: Do treino à inferência

O processo de IA generativa envolve várias fases, desde a formação do modelo até à sua implementação para inferência. Segue-se uma descrição geral passo a passo do processo de IA generativa:

Recolha de dados e pré-processamento:

O primeiro passo é reunir um conjunto de dados diversificado e representativo para treino. Este conjunto de dados deve abranger a gama de variações que se espera que o modelo generativo produza.

O pré-processamento de dados envolve a limpeza e formatação do conjunto de dados para garantir a consistência e remover quaisquer enviesamentos que possam afetar o desempenho do modelo.

Formação de modelos:

Durante a fase de formação, o modelo generativo aprende padrões e caraterísticas a partir dos dados de entrada. Nos GAN, o gerador e o discriminador participam num processo de formação contraditório para melhorar a capacidade do gerador de produzir resultados realistas.

O treino envolve o ajuste dos parâmetros do modelo através de uma otimização iterativa, normalmente utilizando a retropropagação e a descida do gradiente.

Validação e aperfeiçoamento:

A validação é um passo crucial para garantir que o modelo generativo generaliza bem para dados não vistos. A afinação envolve o ajuste dos hiperparâmetros e da arquitetura do modelo com base no desempenho da validação. A avaliação e o aperfeiçoamento contínuos ajudam a evitar o sobreajuste e a melhorar o desempenho global do modelo.

Inferência:

Uma vez treinado e validado, o modelo pode ser utilizado para inferência. A inferência refere-se ao processo de geração de novas amostras com base em dados de entrada ou consultas do utilizador.

Para modelos de geração de texto como o GPT, a inferência envolve a alimentação de um prompt ou entrada de semente para o modelo, que então gera um texto coerente e contextualmente relevante.

Pós-processamento:

Dependendo da tarefa de geração, podem ser necessárias etapas de pós-processamento para melhorar a qualidade do resultado gerado. Isto pode envolver a suavização de transições entre elementos gerados ou a aplicação de filtros para tarefas de geração de imagens.

Circuito de retorno:

Os sistemas de IA generativa beneficiam frequentemente de um ciclo de feedback em que o feedback do utilizador é utilizado para aperfeiçoar e melhorar ainda mais o modelo. Este processo iterativo ajuda o modelo a adaptar-se às preferências do utilizador e à evolução dos requisitos

Algoritmos de IA generativa

Os algoritmos de IA generativa, dotados da notável capacidade de criar conteúdos, estão na vanguarda da inovação em inteligência artificial. Estes algoritmos, muitas vezes alimentados por modelos de aprendizagem profunda, têm a capacidade de gerar diversas formas de expressão, desde texto e imagens a música e até ambientes virtuais inteiros. Vamos explorar vários algoritmos de IA generativa dignos de nota e as suas capacidades expressivas.

1. GPT (Generative Pre-trained Transformer):

- *Expressão em texto:*

O GPT, desenvolvido pela OpenAI, é um modelo linguístico pioneiro. A sua arquitetura permite-lhe gerar passagens de texto coerentes e contextualmente relevantes. Desde a elaboração de histórias criativas até à geração de respostas semelhantes às humanas em conversas em linguagem natural, o GPT destaca-se na expressão de ideias por escrito.

- *Expressão multimodal:*

As variantes de GPT, como a GPT-3, demonstraram capacidades multimodais, permitindo-lhes gerar não só texto, mas também imagens e fragmentos de código com base em pedidos textuais. Isto alarga o potencial expressivo da GPT para além da linguagem e para várias modalidades.

2. StyleGAN (Style-Generative Adversarial Network):

- *Expressão em imagens:*

O StyleGAN é conhecido pela sua capacidade de gerar imagens altamente realistas. A sua arquitetura permite a manipulação de elementos estilísticos específicos nas imagens, como a alteração de caraterísticas faciais em retratos ou a criação de cenas inteiramente fictícias. O StyleGAN tem sido utilizado em projectos artísticos, gerando imagens visualmente impressionantes e surreais.

- *Expressão artística:*

Os artistas e criadores utilizam o StyleGAN para produzir conteúdos visuais únicos, fundindo as capacidades generativas do algoritmo com a criatividade humana. O algoritmo pode ser orientado para criar imagens com estilos ou temas específicos, resultando numa fusão de arte gerada por IA e inspirada por humanos.

3. MuseNet:

- *Expressão musical:*

O MuseNet, desenvolvido pela OpenAI, foi concebido para gerar composições musicais numa vasta gama de géneros e estilos. Este algoritmo é capaz de compor peças originais, imitar artistas específicos e até misturar diferentes géneros para criar novas expressões musicais. Abre novas possibilidades para a criação de música baseada em IA e para a colaboração com músicos humanos.

4. DALL-E:

- *Expressão em imagens e conceitos:*

DALL-E, outra criação da OpenAI, leva a geração de imagens a um nível concetual. Dadas instruções textuais, o DALL-E pode gerar imagens que correspondem concetualmente à descrição. Isto inclui a geração de imagens fantásticas com base em sugestões textuais, demonstrando a sua capacidade de traduzir ideias abstractas em expressões visuais.

5. Sonho profundo:

- *Expressão na interpretação visual:*

O DeepDream, desenvolvido pela Google, utiliza redes neuronais para interpretar e melhorar imagens de uma forma única e muitas vezes surrealista. Este algoritmo adiciona padrões e caraterísticas intrincados a imagens existentes, criando rendições sonhadoras e visualmente expressivas. O DeepDream mostra o potencial transformador da IA generativa na reinterpretação de conteúdos visuais.

6. BERT (Bidirectional Encoder Representations from Transformers):

- *Expressão na compreensão contextual:*

Embora tradicionalmente associado ao processamento de linguagem natural, o entendimento contextual bidirecional do BERT permite-lhe expressar significados matizados no texto. É excelente na compreensão do contexto em que as palavras e frases são utilizadas, facilitando uma geração de texto mais exacta e consciente do contexto.

7. GANs (Generative Adversarial Networks):

- *Expressão em vários domínios:*

Os GAN, a família mais vasta de algoritmos generativos, são utilizados em diversos domínios para além do texto e das imagens. Têm sido aplicados para gerar ambientes realistas de jogos de vídeo, imagens médicas e até objectos 3D. Os GANs exemplificam a versatilidade da IA generativa na expressão de conteúdos num espetro de aplicações.

Em conclusão, os algoritmos de IA generativa representam um salto inovador nas capacidades expressivas da inteligência artificial. Estes algoritmos não se limitam a domínios específicos, mas abrangem texto, imagens, música e muito mais. À medida que continuam a evoluir, os algoritmos de IA generativa irão provavelmente redefinir a forma como criamos, interpretamos e apreciamos várias formas de conteúdo expressivo, esbatendo as linhas entre a criatividade humana e a das máquinas.

Aplicações da IA generativa

A IA generativa, um subconjunto da inteligência artificial, registou avanços notáveis nos últimos anos, revolucionando vários sectores e aplicações. Ao contrário dos sistemas de IA tradicionais que dependem de programação e regras explícitas, a IA generativa utiliza modelos de aprendizagem automática para gerar conteúdos novos e criativos com base em padrões aprendidos a partir de vastos conjuntos de dados. Esta abordagem conduziu ao desenvolvimento de aplicações que abrangem uma vasta gama de domínios, desde a arte e o entretenimento até aos cuidados de saúde e às empresas. Nesta exploração, mergulhamos no fascinante mundo das aplicações de IA generativa, destacando o seu impacto transformador em diversos domínios.

Arte e criatividade:

A IA generativa abriu novas fronteiras no domínio da arte e da criatividade. Artistas e designers utilizam atualmente modelos generativos para criar peças de arte únicas e cativantes. Um exemplo notável é a utilização de Redes Adversárias Generativas (GAN), um tipo de arquitetura de IA generativa, para gerar imagens e vídeos realistas. Os artistas podem introduzir parâmetros ou estilos específicos e o modelo produz resultados visualmente impressionantes.

Os GAN foram também utilizados na criação de tecnologia deepfake, em que são gerados vídeos e imagens de aspeto realista, o que suscita frequentemente preocupações éticas. Embora a utilização maliciosa de deepfakes seja um desafio, o potencial da tecnologia para aplicações positivas, como na indústria cinematográfica para efeitos especiais, é imenso.

Criação e redação de conteúdos:

A IA generativa provou ser uma ferramenta valiosa na criação de conteúdos, incluindo a escrita. Os modelos GPT (Generative Pre-trained Transformer) da

OpenAI, por exemplo, demonstraram capacidades notáveis na geração de texto semelhante ao humano. Estes modelos são pré-treinados em vastos conjuntos de dados, o que lhes permite compreender e imitar o estilo e o contexto de diversos géneros de escrita.

Os criadores de conteúdos, os jornalistas e até as empresas têm tirado partido da IA generativa para redigir artigos, relatórios e conteúdos de marketing. Embora estes modelos não sejam perfeitos e possam exigir supervisão humana, oferecem poupanças significativas de tempo e recursos ao automatizar as fases iniciais da criação de conteúdos.

Jogos e mundos virtuais:

A IA generativa encontrou o seu caminho na indústria dos jogos, melhorando a criação de mundos e personagens virtuais. As técnicas de geração de conteúdos processuais (PCG), alimentadas por algoritmos generativos, permitem a geração automática de conteúdos de jogos, como paisagens, níveis e texturas. Isto não só reduz a carga de trabalho dos criadores de jogos, como também aumenta a variedade e a imprevisibilidade dos ambientes de jogo.

Além disso, os modelos generativos contribuem para a criação de personagens não-jogadores (NPC) com comportamentos e diálogos mais realistas. Isto acrescenta profundidade à experiência de jogo, tornando os mundos virtuais mais imersivos e envolventes.

Moda e design:

No mundo da moda e do design, a IA generativa está a fazer ondas ao ajudar na criação de desenhos e padrões únicos. Os designers de moda podem introduzir critérios específicos, como paletas de cores ou estilos, e os modelos generativos podem propor novos desenhos. Isto não só acelera o processo de design como também facilita a experimentação de estilos não convencionais. A IA generativa também tem sido aplicada no domínio da modelação 3D e do design industrial. A tecnologia permite a geração automática de protótipos de design com base em parâmetros especificados, simplificando o processo de desenvolvimento de produtos.

Composição musical:

A IA generativa tem feito progressos significativos no domínio da composição musical. Os modelos de IA, nomeadamente as redes neuronais recorrentes (RNN) e as redes de memória de curto prazo (LSTM), são treinados em vastos conjuntos de dados musicais para aprender padrões e estruturas. O resultado é a capacidade de compor peças musicais originais em vários estilos e géneros.

Os artistas e os músicos podem colaborar com modelos generativos para explorar novas ideias musicais ou ultrapassar bloqueios criativos. Além disso, a IA generativa é utilizada na criação de recomendações musicais personalizadas para os utilizadores com base nas suas preferências.

Cuidados de saúde:

No sector da saúde, a IA generativa está a ter um impacto substancial na imagiologia médica e na descoberta de medicamentos. Os modelos de aprendizagem profunda, incluindo as redes neurais convolucionais (CNN), são treinados em conjuntos de dados maciços de imagens médicas para ajudar no diagnóstico de doenças como o cancro. Estes modelos podem identificar padrões e anomalias em imagens médicas com um elevado nível de precisão.

Os modelos generativos estão também envolvidos na descoberta de medicamentos, prevendo estruturas moleculares e simulando interações entre medicamentos e entidades biológicas. Isto acelera o processo de desenvolvimento de medicamentos, conduzindo potencialmente à descoberta de novos tratamentos e terapias.

Processamento de linguagem natural:

O processamento de linguagem natural (PNL) é um domínio fundamental em que a IA generativa tem registado progressos notáveis. Os modelos GPT da OpenAI, por exemplo, são excelentes na compreensão e geração de texto semelhante ao humano. As aplicações de PNL vão desde chatbots e assistentes virtuais a serviços de tradução de línguas.

A IA generativa melhorou significativamente as capacidades de conversação dos assistentes virtuais, permitindo-lhes compreender o contexto, dar respostas coerentes e até participar em interações mais complexas. Os serviços de tradução beneficiam de modelos generativos que podem gerar traduções exactas, preservando as nuances da linguagem.

Deteção de fraudes e cibersegurança:

No domínio da cibersegurança, a IA generativa é utilizada na deteção e prevenção de fraudes. Os modelos de aprendizagem automática podem analisar padrões de comportamento normal dos utilizadores e detetar anomalias que possam indicar actividades fraudulentas. Os modelos generativos podem também simular potenciais ciberameaças e vulnerabilidades, permitindo aos peritos em cibersegurança reforçar proactivamente as defesas.

A utilização de modelos generativos na cibersegurança estende-se à geração de e-mails de phishing ou ataques de malware realistas. Esta abordagem ajuda as organizações a formar o seu pessoal para reconhecer e responder a potenciais ameaças, melhorando assim a resiliência geral da cibersegurança.

Veículos autónomos e robótica:

A IA generativa desempenha um papel crucial no desenvolvimento de veículos autónomos e da robótica. Estes sistemas dependem de capacidades avançadas de perceção e de tomada de decisões, que são melhoradas por modelos generativos.

Os modelos de visão por computador, alimentados por algoritmos generativos, permitem que os veículos interpretem e respondam ao que os rodeia em tempo real.

Na robótica, a IA generativa contribui para a geração de movimentos e acções complexos. Isto é particularmente útil em domínios como a automação industrial, em que os robôs têm de se adaptar a ambientes dinâmicos e executar tarefas precisas.

IA generativa na PNL

A IA generativa, particularmente exemplificada por modelos avançados como o GPT (Generative Pre-trained Transformer), revolucionou o panorama do Processamento de Linguagem Natural (PNL). A PNL é um subcampo da inteligência artificial que se concentra em permitir que as máquinas compreendam, interpretem e gerem linguagem semelhante à humana. Nesta discussão, iremos aprofundar o papel transformador da IA generativa na PNL, explorando as suas capacidades, aplicações e implicações.

1. Compreender as bases da IA generativa em PNL:

A IA generativa, na sua essência, envolve a criação de conteúdos novos e contextualmente relevantes. Na PNL, isto traduz-se na capacidade de gerar texto semelhante ao humano, tornando-a uma ferramenta poderosa para uma vasta gama de aplicações. Ao contrário das abordagens tradicionais de aprendizagem baseada em regras ou supervisionada, os modelos de IA generativa, especialmente os pré-treinados em grandes quantidades de dados, podem compreender o contexto, as nuances e as relações semânticas dentro da linguagem.

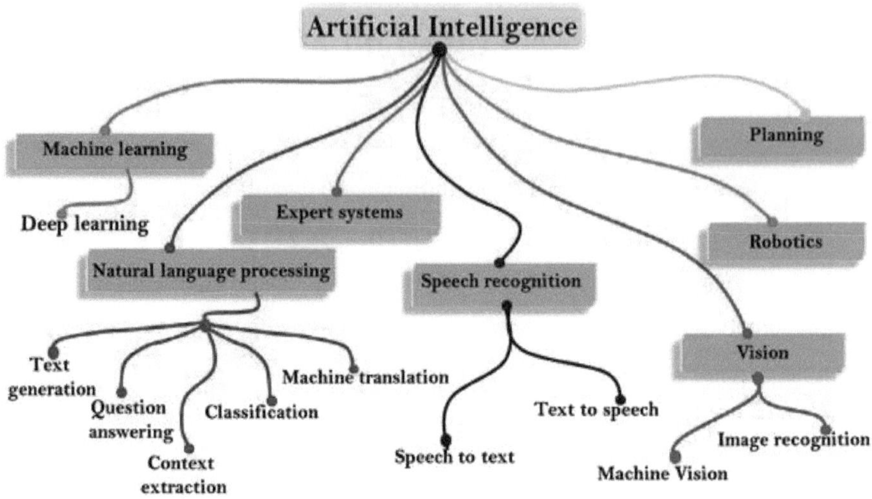

Figura 5: Estrutura da árvore de IA

2. Arquitetura GPT e compreensão da linguagem:

O GPT, desenvolvido pela OpenAI, é um modelo de mudança de paradigma que exemplifica a IA generativa na PNL. A arquitetura do GPT baseia-se em transformadores, o que lhe permite captar dependências de longo alcance e informações contextuais num determinado texto. Através da aprendizagem não supervisionada em diversos conjuntos de dados, o GPT aprende a prever a palavra seguinte numa sequência, resultando num modelo que pode compreender e gerar texto coerente e contextualmente relevante.

3. Compreensão contextual e conclusão de texto:

Um dos principais pontos fortes da IA generativa na PNL é a sua compreensão contextual. A GPT, por exemplo, é excelente a completar texto com base no contexto fornecido. Pode gerar respostas semelhantes às humanas em conversas, escrever ensaios e até criar peças de escrita criativas. A consciência contextual permite que estes modelos produzam texto que não só é gramaticalmente correto como também contextualmente coerente.

4. Aplicações em Sumarização de Texto:

Os modelos de IA generativa são amplamente utilizados em tarefas de resumo de texto. Podem ler e compreender artigos ou documentos extensos e, em seguida, gerar resumos concisos e coerentes. Isto é particularmente valioso em cenários em que a sobrecarga de informação é uma preocupação, como na agregação de notícias, resumos de artigos de investigação ou análise de documentos.

5. Aplicações multimodais:

Embora tradicionalmente associados ao texto, os modelos de IA generativa evoluíram para lidar com dados multimodais, incluindo texto, imagens e muito mais. As variantes GPT demonstraram a capacidade de gerar texto descritivo com base em entradas de imagem, proporcionando uma ponte entre a linguagem e o conteúdo visual. Esta capacidade multimodal abre novas possibilidades para aplicações em áreas como a criação de conteúdos, as redes sociais e até a acessibilidade.

6. Agentes de conversação e chatbots:

A IA generativa elevou significativamente as capacidades dos agentes de conversação e dos chatbots. Modelos como o GPT podem envolver-se em conversas mais naturais e contextualmente relevantes. Podem compreender as perguntas dos utilizadores, fornecer respostas informativas e até exibir um sentido de humor ou personalidade, tornando as interações mais humanas e envolventes.

7. Desafios e considerações:

Embora a IA generativa na PNL tenha demonstrado realizações notáveis, não está isenta de desafios. É importante ter em conta as considerações éticas, incluindo o potencial de enviesamento na geração de linguagem. É crucial garantir que os modelos são justos, imparciais e transparentes, especialmente em aplicações em que o texto gerado pode ter consequências no mundo real.

8. Escrita criativa e criação de conteúdos:

A IA generativa encontrou aplicações na escrita criativa e na geração de conteúdos. Pode ajudar os autores sugerindo ideias, completando frases ou mesmo gerando parágrafos inteiros. Esta abordagem de colaboração entre a criatividade humana e a assistência da IA está a remodelar o processo de escrita criativa.

9. Tradução e aplicações interlinguísticas:

Os modelos de IA generativa têm-se revelado promissores em tarefas de tradução. Podem compreender a semântica de uma frase numa língua e gerar um texto equivalente noutra língua. Este facto tem implicações na eliminação das barreiras linguísticas e na facilitação da comunicação entre línguas.

10. Direcções futuras e inovações:

À medida que a IA generativa continua a avançar, o futuro reserva-nos possibilidades interessantes. As melhorias nas arquitecturas de modelos, nas técnicas de formação e nas abordagens de afinação conduzirão provavelmente a uma geração de linguagem ainda mais precisa, consciente do contexto e criativa . As aplicações nos cuidados de saúde, na documentação jurídica e na educação são áreas em que a IA generativa poderá dar contributos significativos.

Conclusão:

A IA geradora na PNL representa um salto transformador nas capacidades das máquinas para compreender, interpretar e gerar linguagem semelhante à humana. As aplicações abrangem um vasto espetro, desde a melhoria das interfaces de conversação até ao apoio à escrita criativa e à criação de conteúdos. À medida que a investigação em IA generativa progride, é imperativo abordar as considerações éticas e garantir que estes modelos poderosos são aproveitados de forma responsável para benefício da sociedade. Na intersecção dinâmica da IA generativa e da PNL, o potencial de inovação e de impacto positivo é vasto, prometendo um futuro em que a colaboração homem-máquina em tarefas linguísticas se tornará cada vez mais perfeita e sofisticada.

IA generativa na robótica

A IA generativa desempenha um papel crucial no avanço da robótica, permitindo que as máquinas aprendam, se adaptem e gerem novos comportamentos de forma autónoma. Esta integração da IA generativa na robótica tem o potencial de revolucionar as indústrias, desde o fabrico e os cuidados de saúde até à exploração e ao entretenimento. Neste debate, vamos explorar os principais aspectos da IA generativa na robótica, incluindo as suas aplicações, desafios e perspectivas futuras.

1. Introdução à IA generativa em robótica:

A IA generativa refere-se a uma classe de inteligência artificial que envolve máquinas que geram novos conteúdos, sejam eles imagens, textos ou comportamentos, com base em padrões e informações que aprenderam. No contexto da robótica, a IA generativa permite que os robots ultrapassem as instruções pré-programadas, adaptando-se a novos ambientes e situações.

2. Aplicações da IA generativa na robótica:

a. Comportamento adaptativo:

A IA generativa permite que os robots aprendam com as suas experiências e adaptem o seu comportamento em conformidade. Esta adaptabilidade é crucial em ambientes dinâmicos em que as condições podem mudar de forma imprevisível. Por exemplo, um robô numa fábrica pode aprender a navegar à volta de obstáculos ou a ajustar os seus movimentos com base em alterações na linha de produção.

b. Otimização de tarefas:

Os sistemas robóticos enfrentam frequentemente tarefas complexas que podem beneficiar da otimização. Os algoritmos generativos podem ajudar os robôs a explorar e a aperfeiçoar as suas estratégias, conduzindo a uma execução de tarefas mais eficiente e eficaz. Isto é particularmente valioso em domínios como a logística, em que os robôs estão envolvidos na gestão de armazéns e na distribuição de produtos.

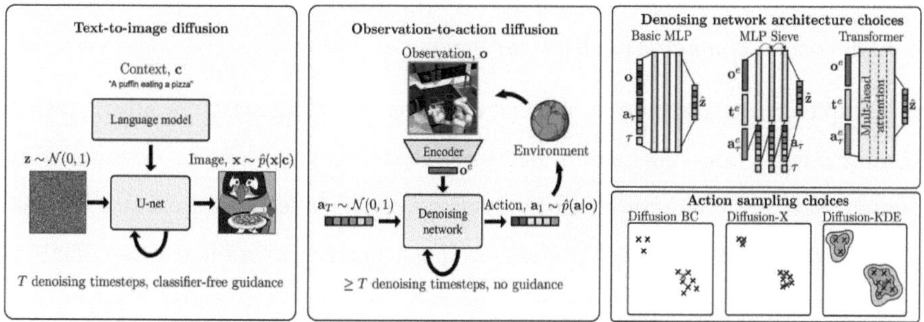

Figura 6: Utilizar a IA generativa para imitar o comportamento

c. Interação homem-robô:

A IA generativa melhora a capacidade dos robôs para interagirem com os seres humanos de forma natural. Permite que os robôs compreendam e gerem respostas semelhantes às humanas, tornando-os mais intuitivos e fáceis de utilizar. Isto é especialmente relevante em aplicações como os cuidados de saúde, em que os robots ajudam os doentes ou colaboram com os profissionais de saúde.

3. Desafios na implementação da IA generativa na robótica:

a. Preocupações com a segurança:

À medida que os robôs se tornam mais autónomos e capazes de gerar os seus próprios comportamentos, garantir a sua segurança torna-se uma preocupação fundamental. É necessário adotar medidas de segurança robustas e salvaguardas contra falhas para evitar consequências indesejadas e potenciais danos.

b. Qualidade e enviesamento dos dados:

A IA generativa depende em grande medida dos dados para a aprendizagem. Se os dados de treino forem enviesados ou de má qualidade, os comportamentos gerados pelo robô também podem apresentar enviesamentos ou imprecisões. A resolução destes problemas exige uma cuidadosa seleção e validação dos conjuntos de dados de treino.

c. Explicar a capacidade e a transparência:

A complexidade inerente a alguns modelos de IA generativa torna difícil compreender como chegam a decisões específicas ou geram determinados comportamentos. Garantir a transparência e a capacidade de explicação é crucial, especialmente em aplicações críticas em que a supervisão humana é essencial.

4. Perspectivas futuras:

a. Robótica de enxame:

A IA generativa pode desempenhar um papel fundamental no desenvolvimento da robótica de enxame, em que vários robôs colaboram para atingir um objetivo comum. Estes sistemas podem adaptar-se coletivamente a condições variáveis e apresentar comportamentos emergentes, o que os torna altamente resistentes e versáteis.

b. Robótica cognitiva:

Os avanços na IA generativa abrem caminho a robôs com maior capacidade cognitiva. Estes robôs podem raciocinar, planear e aprender de uma forma que se assemelha mais à cognição humana. Isto abre possibilidades para aplicações sofisticadas na investigação, exploração e resolução de problemas complexos.

c. Considerações éticas:

À medida que a IA generativa na robótica progride, as considerações éticas tornam-se cada vez mais importantes. Os debates em torno da IA responsável, da privacidade e do tratamento ético dos robots irão moldar o desenvolvimento e a implantação destas tecnologias.

5. Conclusão:

A IA generativa está a transformar a robótica, dotando as máquinas da capacidade de gerar comportamentos adaptativos e inteligentes. Embora a integração da IA generativa na robótica apresente oportunidades interessantes de inovação, também coloca desafios que devem ser abordados de forma responsável. A investigação e o desenvolvimento em curso neste domínio prometem criar uma nova geração de robôs que podem funcionar de forma mais autónoma, interagir sem problemas com os seres humanos e contribuir para uma vasta gama de indústrias. Ao navegarmos nesta intersecção entre a IA generativa e a robótica, é crucial encontrar um equilíbrio entre a inovação e as considerações éticas para garantir um impacto positivo e responsável na sociedade.

IA generativa na IoT

A intersecção da Internet das Coisas (IoT) e da Inteligência Artificial Generativa (IA Generativa) representa uma sinergia poderosa que tem um potencial significativo para transformar várias indústrias e redefinir a forma como interagimos com a tecnologia. Estes dois domínios tecnológicos, quando integrados sem problemas, criam um ecossistema dinâmico em que as capacidades de cada um melhoram e complementam o outro.

Na sua essência, a Internet das Coisas refere-se à vasta rede de dispositivos físicos interligados, sensores e objectos com tecnologia incorporada que lhes permite recolher e trocar dados. Estes dispositivos podem ir desde termóstatos inteligentes e rastreadores de fitness portáteis a máquinas industriais e veículos autónomos. O principal objetivo da IoT é criar um sistema inteligente e eficiente em que os dados possam ser recolhidos, analisados e utilizados para otimizar processos, melhorar a tomada de decisões e melhorar as experiências gerais dos utilizadores.

A IA generativa, por outro lado, é um subconjunto da inteligência artificial que se concentra na geração de novos conteúdos, sejam eles imagens, texto ou outras formas, através da aprendizagem de padrões a partir de dados existentes. Utiliza modelos de aprendizagem profunda, como as redes adversariais generativas (GAN) e as redes neuronais recorrentes, para criar resultados que não só são realistas como também inovadores. Esta tecnologia tem encontrado aplicações em vários domínios criativos, incluindo a arte, a música e a criação de conteúdos, e tem demonstrado a capacidade de produzir conteúdos que muitas vezes esbatem a fronteira entre os gerados por humanos e os gerados por máquinas.

A sinergia entre a IoT e a IA generativa resulta dos seus pontos fortes complementares e do potencial de cada uma para resolver as limitações da outra. Um aspeto fundamental desta relação reside na capacidade da IA generativa para processar e interpretar as enormes quantidades de dados gerados pelos dispositivos IoT. Como o número de dispositivos conectados continua a crescer, o volume, a velocidade e a variedade de dados produzidos por esses dispositivos representam um desafio para os métodos tradicionais de processamento de dados. A IA generativa pode desempenhar um papel crucial na extração de conhecimentos significativos a partir destes dados, identificando padrões, anomalias e tendências que podem não ser evidentes através de técnicas analíticas convencionais.

Além disso, a IA generativa pode facilitar a modelação preditiva com base em dados históricos de dispositivos IoT. Ao aprender com os padrões nos dados, os modelos de IA podem fazer previsões sobre eventos ou tendências futuras, permitindo a tomada de decisões proactivas e acções preventivas. Esta capacidade de previsão é particularmente valiosa em cenários como a manutenção preditiva de maquinaria industrial, em que a identificação de potenciais problemas antes de estes se agravarem pode reduzir significativamente o tempo de inatividade e os custos de manutenção.

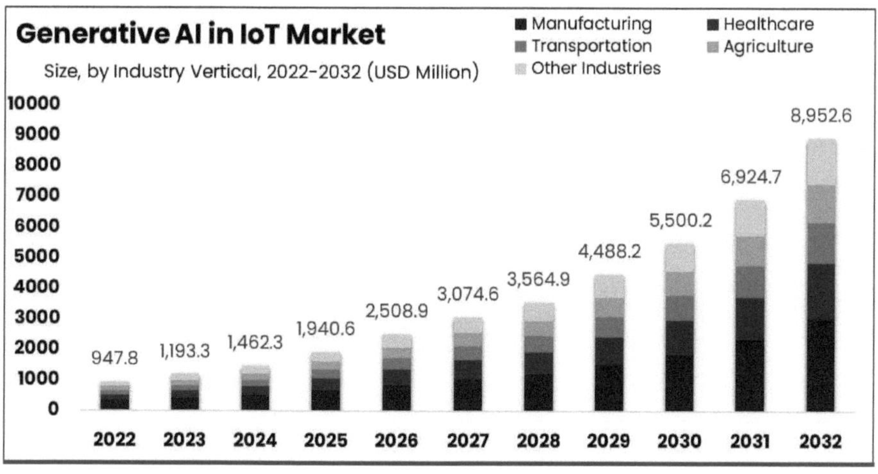

Figura 7: Escopo futuro da IA generativa no mercado de IoT

No domínio das cidades inteligentes, a combinação da IoT e da IA generativa pode conduzir a um planeamento urbano e a uma gestão de recursos mais eficientes. Por exemplo, os modelos de IA podem analisar dados de infra-estruturas com IoT, como sensores de tráfego e câmaras de vigilância, para gerar conhecimentos sobre padrões de tráfego, identificar áreas propensas a congestionamento e propor estratégias optimizadas de fluxo de tráfego. Isto não só melhora a eficiência global dos sistemas de transporte, como também contribui para a sustentabilidade ambiental, reduzindo as emissões relacionadas com o congestionamento.

Outra área de sinergia é o domínio da segurança. Os dispositivos IoT são vulneráveis a várias ciberameaças e a proteção destes dispositivos e dos dados que geram é uma preocupação fundamental. A IA generativa pode ser utilizada para desenvolver algoritmos de segurança avançados que podem detetar e responder a ameaças emergentes em tempo real. Ao aprender continuamente com os novos dados e ao adaptar-se à evolução dos cenários de segurança, os sistemas de segurança baseados na IA podem proporcionar uma defesa mais robusta contra os ciberataques às infra-estruturas IoT.

Além disso, a colaboração entre a IoT e a IA generativa pode levar à criação de interfaces mais intuitivas e sensíveis ao contexto. Os modelos de IA generativa podem analisar o comportamento e as preferências dos utilizadores com base nos dados dos dispositivos IoT, permitindo o desenvolvimento de interfaces personalizadas e adaptáveis. Este nível de personalização melhora as experiências do utilizador, tornando a tecnologia mais fácil de utilizar e alinhada com as necessidades individuais.

No sector dos cuidados de saúde, a integração da IoT e da IA generativa é muito promissora. Os dispositivos portáteis equipados com sensores podem monitorizar continuamente as métricas de saúde de um paciente, gerando um fluxo de dados em tempo real. Os algoritmos de IA generativa podem analisar estes dados para identificar padrões indicativos de problemas de saúde, prever riscos potenciais e até gerar recomendações de tratamento personalizadas. Esta abordagem proactiva dos cuidados de saúde tem o potencial de revolucionar os cuidados dos doentes, passando de tratamentos reactivos para intervenções preventivas e personalizadas.

Apesar das sinergias promissoras entre a IoT e a IA generativa, há também desafios e considerações que devem ser abordados. A enorme complexidade da gestão de uma vasta rede de dispositivos interligados introduz preocupações relacionadas com a privacidade dos dados, a segurança e a utilização ética dos conteúdos gerados pela IA. Encontrar um equilíbrio entre os benefícios dos conhecimentos baseados em dados e a proteção da privacidade do utilizador é uma consideração crítica no desenvolvimento e na implantação de sistemas de IoT e de IA generativa.

Em conclusão, a relação entre a IoT e a IA generativa é uma relação simbiótica, em que os pontos fortes de cada tecnologia melhoram e complementam as capacidades da outra. A integração da IA generativa no ecossistema da IoT abre novas possibilidades para a análise de dados, a modelação preditiva e as experiências personalizadas. À medida que ambas as tecnologias continuam a avançar, o seu impacto combinado é suscetível de remodelar as indústrias, melhorar a eficiência e contribuir para a evolução de um mundo mais inteligente e interligado. No entanto, é crucial abordar esta integração com uma análise cuidadosa das implicações éticas, de privacidade e de segurança para garantir a implantação responsável e benéfica destas tecnologias.

IA generativa em grandes volumes de dados

A IA generativa, também conhecida como redes adversárias generativas (GAN), surgiu como uma ferramenta poderosa no domínio da arquitetura de grandes volumes de dados. O Big Data, caracterizado por volumes maciços de dados estruturados e não estruturados, apresenta oportunidades e desafios para as organizações. A IA generativa desempenha um papel crucial no aproveitamento do potencial dos Grandes Dados, permitindo a criação de dados sintéticos, facilitando o aumento dos dados e melhorando as capacidades de modelação preditiva.

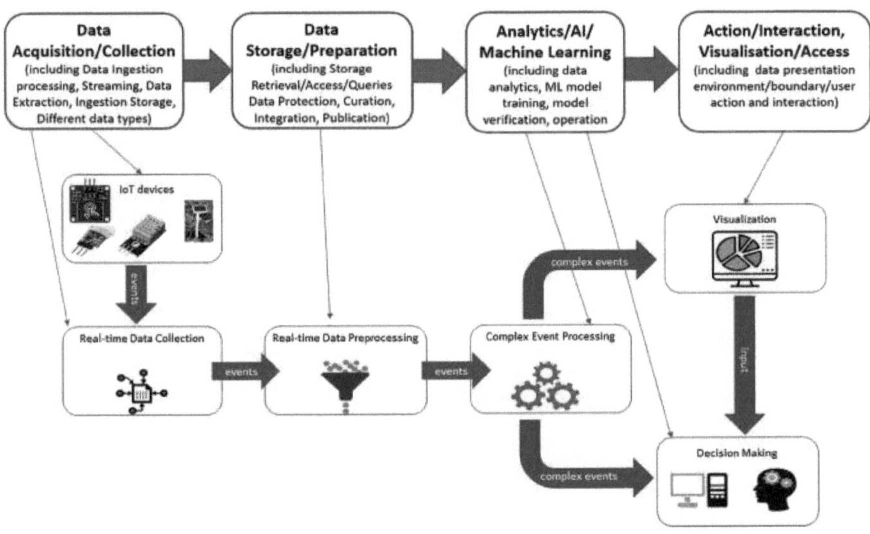

Figura 8: Estrutura de pipeline de Big Data e

1. Introdução à IA generativa em Big Data:

A IA generativa envolve a utilização de algoritmos para gerar novas amostras de dados que se assemelham a distribuições de dados existentes. No contexto da arquitetura de Big Data, em que o grande volume de dados pode ser avassalador, os modelos generativos, como os GAN, oferecem soluções inovadoras. Funcionam com base no princípio de um gerador que cria dados e de um discriminador que avalia a sua autenticidade, resultando num ciclo de feedback contínuo que aperfeiçoa os dados gerados ao longo do tempo.

2. Geração de dados sintéticos:

Uma das aplicações significativas da IA generativa em Big Data é a geração de dados sintéticos. Os dados sintéticos referem-se a dados criados artificialmente que imitam as propriedades estatísticas dos dados do mundo real. Isto é particularmente valioso em situações em que o acesso aos dados reais é restrito devido a preocupações com a privacidade ou a restrições regulamentares. As GANs podem ser treinadas em dados disponíveis para gerar conjuntos de dados sintéticos, permitindo que as organizações efectuem análises, desenvolvam modelos e testem algoritmos sem comprometer informações sensíveis.

3. Aumento dos dados para um melhor treino do modelo:

A IA generativa contribui para estratégias de aumento de dados, melhorando a qualidade e a diversidade dos conjuntos de dados de treino. Em cenários de Big Data, em que a obtenção de conjuntos de dados diversificados e representativos pode ser um desafio, os GAN podem gerar amostras adicionais que captam os padrões subjacentes dos dados. Isto, por sua vez, melhora a robustez dos modelos de aprendizagem automática treinados em conjuntos de dados aumentados, levando a uma melhor generalização e desempenho preditivo.

4. Resolver os desequilíbrios nos grandes volumes de dados:

Os megadados apresentam frequentemente desequilíbrios, em que certas classes ou categorias estão sub-representadas. Este facto pode colocar desafios no desenvolvimento de modelos que captem com precisão as nuances de cada classe. A IA generativa pode ser utilizada para gerar instâncias sintéticas de classes minoritárias, corrigindo os desequilíbrios e assegurando que os modelos de aprendizagem automática são treinados num conjunto de dados mais abrangente e representativo.

5. Melhorar a modelação preditiva com IA generativa:

A modelação preditiva em Big Data envolve o desenvolvimento de modelos que podem fazer previsões ou classificações exactas com base em dados históricos. A IA generativa contribui ao gerar amostras de treino adicionais, permitindo que os modelos aprendam padrões e nuances mais complexos nos dados. Isto melhora a capacidade do modelo para fazer previsões exactas quando confrontado com dados novos e não vistos.

6. Desafios e considerações:

Embora a IA generativa apresente numerosas oportunidades no contexto da arquitetura de grandes volumes de dados, também apresenta desafios. É crucial garantir que os dados gerados permaneçam fiéis à distribuição subjacente dos dados reais. Além disso, devem ser tidas em conta considerações éticas, como evitar enviesamentos nos dados gerados e abordar a potencial utilização incorrecta dos dados sintéticos.

7. Escalabilidade e eficiência computacional:

Os sistemas de Big Data caracterizam-se pela sua escala, exigindo soluções eficientes e escaláveis. Os algoritmos de IA generativa têm de ser optimizados para lidar com as grandes quantidades de dados presentes nas arquitecturas de Big Data. Os processos de formação escaláveis e a implementação de modelos tornam-se factores críticos na integração bem sucedida de modelos generativos em ambientes de dados de grande escala.

8. Aplicações no mundo real:

A IA generativa tem encontrado aplicações em vários sectores no âmbito das arquitecturas de grandes volumes de dados. No sector da saúde, a geração de dados sintéticos permite aos investigadores desenvolver e testar algoritmos sem comprometer a privacidade dos pacientes. No sector financeiro, ajuda a criar diversos conjuntos de dados para modelos de avaliação de riscos. No domínio da cibersegurança, as GAN podem ser utilizadas para simular ciberameaças e testar a resiliência dos sistemas de segurança.

9. Direcções futuras:

Espera-se que a sinergia entre a IA generativa e os grandes dados continue a evoluir. Os futuros desenvolvimentos podem centrar-se na resolução de desafios relacionados com a interpretabilidade e a transparência dos modelos generativos. A investigação sobre a criação de algoritmos mais eficientes e escaláveis que possam lidar com o volume cada vez maior de dados em ambientes de megadados também é provável.

10. Conclusão:

A IA generativa representa uma força transformadora no panorama da arquitetura de grandes volumes de dados. Ao abordar os desafios relacionados com a diversidade, os desequilíbrios e a privacidade dos dados, abre novos caminhos para que as organizações obtenham informações significativas a partir dos seus dados. À medida que a complexidade do Big Data continua a aumentar, o papel da IA generativa na definição do futuro da análise de dados e da aprendizagem automática torna-se cada vez mais proeminente. As organizações que aproveitam a sinergia entre a IA generativa e o Big Data estão preparadas para desbloquear oportunidades sem precedentes de inovação e descoberta.

IA generativa no hacking ético

O hacking ético, também conhecido como teste de penetração ou hacking de chapéu branco, envolve tentativas autorizadas e legais de descobrir vulnerabilidades em sistemas informáticos, redes ou aplicações. A IA generativa, com a sua capacidade de compreender padrões, gerar dados realistas e simular ciberameaças, desempenha um papel significativo no hacking ético. Nesta exploração, aprofundamos a forma como a IA generativa é empregue no hacking ético, as suas vantagens, desafios e as considerações éticas em torno da sua utilização.

Introdução:

A pirataria informática ética tornou-se parte integrante das estratégias de cibersegurança das organizações que pretendem identificar e retificar vulnerabilidades antes que os hackers maliciosos as explorem. A IA generativa, um subconjunto da inteligência artificial, está a ser cada vez mais utilizada para melhorar as capacidades dos hackers éticos na simulação de ciberameaças sofisticadas.

1. IA generativa na simulação de ciberataques:

1.1. Imitação de actores maliciosos

As ferramentas de IA generativa podem replicar o comportamento de actores maliciosos, permitindo aos hackers éticos simular ciberataques no mundo real. Estas ferramentas podem gerar e-mails de phishing realistas, variantes de malware e outros vectores de ataque, fornecendo às organizações informações sobre potenciais pontos fracos da sua infraestrutura de segurança.

1.2. Criar conjuntos de dados diversificados

A IA generativa ajuda os hackers éticos a criar conjuntos de dados diversos e realistas para treinar modelos de aprendizagem automática utilizados em sistemas de deteção de intrusões. Ao gerar vários tipos de tráfego malicioso, estes modelos tornam-se mais aptos a reconhecer e a responder à evolução das ciberameaças.

2. Vantagens da utilização da IA generativa no hacking ético:

2.1. Melhoria do realismo nas simulações

A IA generativa permite a criação de simulações altamente realistas de ciberameaças. Este realismo é essencial para que os hackers éticos avaliem a eficácia das medidas de segurança e das respostas num ambiente controlado, sem representar riscos reais para a organização.

2.2. Melhoria da formação dos profissionais de segurança

A IA generativa pode ser utilizada para desenvolver cenários de formação para profissionais de segurança. Estes cenários podem variar entre exercícios básicos e simulações complexas, proporcionando experiência prática para lidar com várias ciberameaças. Isto melhora a preparação das equipas de segurança para lidar eficazmente com incidentes do mundo real.

2.3. Identificação de vulnerabilidades desconhecidas

As ferramentas de IA generativa ajudam os hackers éticos a identificar vulnerabilidades desconhecidas através da simulação de novos vectores de ataque. Os métodos de teste tradicionais podem ignorar certos tipos de vulnerabilidades, mas as simulações baseadas em IA podem ajudar a descobrir pontos fracos que podem ser explorados pelos adversários.

3. Desafios e considerações:

3.1. Dilemas éticos

A utilização da IA generativa na pirataria informática ética suscita preocupações éticas. A criação de simulações de ataques realistas pode, inadvertidamente, ter consequências indesejadas, especialmente se essas simulações escaparem para o exterior ou forem utilizadas para fins maliciosos.

3.2. Potencial para defesas esmagadoras

A capacidade da IA generativa para criar cenários de ataque diversos e realistas pode sobrecarregar as defesas de segurança, especialmente se os sistemas defensivos não estiverem adequadamente preparados. Isto representa um desafio para encontrar o equilíbrio certo entre testar a resiliência e potencialmente causar perturbações.

3.3. Compreensão limitada do contexto

Embora a IA generativa possa simular uma vasta gama de ciberameaças, pode faltar-lhe a compreensão matizada do contexto em que estas ameaças operam. Esta limitação sublinha a importância da perícia humana para interpretar com exatidão os resultados da simulação.

4. Casos de utilização da IA generativa no hacking ético:

4.1. Simulações de phishing

A IA generativa pode ser utilizada para criar simulações de phishing altamente realistas, testando a capacidade de uma organização para detetar e mitigar ataques de phishing. Isto inclui a criação de e-mails de phishing convincentes e a avaliação da resposta dos funcionários a estas ameaças simuladas.

4.2. Análise de malware

A IA generativa ajuda a gerar diversos conjuntos de amostras de malware para análise. Os hackers éticos podem utilizar estas amostras para avaliar a eficácia das soluções antivírus, dos sistemas de deteção de intrusões e de outras medidas de segurança.

4.3. Avaliações de engenharia social

A simulação de ataques de engenharia social é fundamental para avaliar a suscetibilidade de uma organização à manipulação. A IA generativa pode ajudar os hackers éticos a criar cenários de engenharia social realistas, incluindo chamadas telefónicas, para testar a vigilância dos funcionários.

4.4. Testes de penetração na rede

A IA generativa desempenha um papel na simulação de ataques baseados na rede. Isto inclui a geração de tráfego de rede realista para identificar vulnerabilidades em firewalls, sistemas de prevenção de intrusões e outros componentes de segurança de rede.

5. Atenuação dos riscos e garantia de uma utilização ética:

5.1. Diretrizes éticas rigorosas

Para abordar as preocupações éticas associadas à IA generativa no hacking ético, é crucial estabelecer e aderir a diretrizes éticas rigorosas. Estas diretrizes devem enfatizar a utilização responsável, a transparência e a proteção da privacidade dos indivíduos.

5.2. Acompanhamento e avaliação contínuos

O acompanhamento e a avaliação contínuos das ferramentas de IA generativa utilizadas na pirataria informática ética são essenciais. Isto inclui a avaliação do impacto das simulações nos sistemas visados, garantindo que as consequências indesejadas são prontamente resolvidas.

5.3. Colaboração com as equipas jurídicas e de conformidade

As iniciativas de hacking ético que utilizam a IA generativa devem envolver a colaboração com as equipas jurídicas e de conformidade. Garantir que as actividades cumprem as leis e regulamentos relevantes é imperativo para evitar repercussões legais.

6. Conclusão:

A IA generativa é uma ferramenta poderosa no arsenal dos hackers éticos, oferecendo a capacidade de simular uma vasta gama de ciberameaças com um elevado grau de realismo. No cenário em evolução da cibersegurança, a utilização ética da IA generativa na pirataria informática ética é fundamental para reforçar as defesas, identificar vulnerabilidades e, em última análise, fortalecer as organizações contra ciberameaças maliciosas.

IA generativa na exploração espacial

A IA generativa está a tornar-se cada vez mais uma ferramenta valiosa no domínio das ciências espaciais, oferecendo soluções inovadoras, acelerando os processos de investigação e permitindo novas vias de exploração. Nesta exploração, aprofundamos as aplicações, os benefícios e os desafios da integração da IA generativa nas ciências espaciais.

1. Geração de simulações para exploração espacial:

1.1 Simulação de fenómenos celestes

A IA generativa é utilizada para simular fenómenos celestes complexos, fornecendo aos investigadores modelos realistas de acontecimentos astronómicos. Estas simulações são fundamentais para compreender a dinâmica dos corpos celestes, como o comportamento das estrelas, galáxias e sistemas planetários.

1.2 Planeamento da missão e otimização da trajetória

Para as missões espaciais, a IA generativa ajuda no planeamento da missão e na otimização da trajetória. Ao simular diferentes trajectórias e cenários de missão, os modelos de IA podem identificar rotas óptimas, tendo em conta as forças gravitacionais, os alinhamentos planetários e a eficiência do combustível. Isto simplifica significativamente o processo de planeamento da missão.

2. Acelerar a análise e o processamento de dados:

2.1 Análise e classificação de imagens

A IA generativa facilita a análise de vastos conjuntos de dados gerados por telescópios e satélites. Os modelos de reconhecimento de imagens podem classificar objectos celestes, identificar padrões e até descobrir novos fenómenos.

Isto acelera o processo de catalogação e compreensão do manancial de dados recolhidos a partir de observações espaciais.

2.2 Compressão e transmissão de dados

Na exploração espacial, onde a largura de banda e as capacidades de transmissão de dados são limitadas, a IA generativa ajuda na compressão de dados. Ao gerar representações compactas de dados, os modelos de IA reduzem a quantidade de informação que tem de ser transmitida de volta à Terra, optimizando a comunicação com sondas e telescópios espaciais.

3. Melhoria do processamento de sinais em Astronomia:

3.1 Redução do ruído e melhoramento do sinal

A IA generativa desempenha um papel importante na melhoria da qualidade dos sinais astronómicos. Os modelos treinados para reconhecer e eliminar o ruído das leituras dos sensores melhoram a precisão dos dados recolhidos por telescópios e sondas espaciais. Isto é particularmente valioso quando se estudam sinais fracos de objectos celestes distantes.

3.2 Previsão de eventos e deteção de anomalias

Os modelos de IA generativa podem prever eventos astronómicos e detetar anomalias em dados em tempo real. Quer se trate de identificar alterações súbitas nos padrões de radiação ou de prever eventos celestes, a IA contribui para a tomada de decisões proactivas em missões de ciências espaciais.

4. Sistemas autónomos para sondas espaciais:

4.1 Navegação autónoma

A IA generativa é essencial para o desenvolvimento de sistemas de navegação autónoma para sondas espaciais. Tirando partido dos algoritmos de aprendizagem profunda, estes sistemas podem adaptar-se a circunstâncias imprevistas, navegar em ambientes que mudam dinamicamente e tomar decisões em tempo real durante as missões de exploração espacial.

4.2 Exploração Robótica

A robótica orientada para a IA na exploração espacial beneficia de modelos generativos que simulam e optimizam os movimentos robóticos. Isto inclui tarefas como o planeamento de trajectórias de rovers, a coordenação de múltiplos sistemas robóticos e a execução de manobras complexas em superfícies extraterrestres.

5. Modelação preditiva para a meteorologia espacial:

5.1 Previsão da meteorologia espacial

A IA generativa contribui para a modelação preditiva do clima espacial. Ao analisar dados históricos sobre as actividades solares, os campos magnéticos e os raios cósmicos, os modelos de IA podem prever eventos meteorológicos espaciais, ajudando a proteger os satélites, as naves espaciais e as missões dos astronautas contra condições adversas.

5.2 Previsão de erupções solares

As erupções solares, poderosas explosões de energia provenientes do Sol, podem afetar os sistemas de comunicação e o equipamento de navegação. Os modelos de IA generativa podem analisar os padrões de atividade solar para prever e fornecer alertas precoces para potenciais erupções solares, permitindo medidas proactivas para atenuar os seus efeitos.

6. Desafios e considerações

6.1 Dados de formação limitados

As ciências espaciais lidam frequentemente com conjuntos de dados limitados e únicos. O treino de modelos generativos de IA requer dados substanciais e diversificados, e a obtenção desses conjuntos de dados para aplicações relacionadas com o espaço pode ser um desafio. Esta limitação pode afetar a generalidade e o desempenho dos modelos de IA.

6.2 Restrições em tempo real

Certas aplicações das ciências espaciais exigem a tomada de decisões em tempo real, especialmente nos sistemas autónomos e na exploração robótica. Conseguir um processamento em tempo real com IA generativa, tendo em conta as limitações computacionais dos sistemas espaciais, constitui um desafio significativo.

6.3 IA interpretável

Em missões espaciais críticas, a interpretabilidade dos modelos de IA é crucial. Compreender os processos de tomada de decisão dos modelos generativos de IA é essencial para criar confiança e garantir a fiabilidade dos seus resultados em cenários de exploração espacial.

7. Perspectivas futuras e colaborações:

A integração da IA generativa nas ciências espaciais está preparada para um crescimento e inovação contínuos. As colaborações entre investigadores de IA, agências espaciais e astrofísicos serão cruciais para enfrentar os desafios, fazer avançar a investigação e desenvolver aplicações de ponta para a exploração espacial.

Em conclusão, o casamento entre a IA generativa e a ciência espacial tem um imenso potencial para transformar a nossa compreensão do cosmos. Desde a simulação de fenómenos celestes até à otimização de trajectórias de missões e à melhoria da análise de dados, a IA generativa é um aliado valioso no avanço das fronteiras da exploração espacial. Embora existam desafios, a investigação em curso e os esforços de colaboração estão preparados para desbloquear novas possibilidades e impulsionar a ciência espacial para o futuro.

IA generativa na investigação e inovação

A IA generativa, um subconjunto da inteligência artificial, está a dar passos significativos no domínio da investigação e da inovação. A sua capacidade de criar, simular e otimizar dados tem implicações transformadoras em vários campos. Nesta exploração, aprofundamos a forma como a IA generativa está a moldar o panorama da investigação e inovação, as suas aplicações, benefícios e potenciais desafios.

1. Avançar na descoberta científica:

1.1 Simulação de fenómenos complexos

A IA generativa desempenha um papel crucial na simulação de fenómenos científicos complexos. Por exemplo, na física, pode simular o comportamento de partículas em sistemas complexos, ajudando os investigadores a compreender os princípios fundamentais e a prever os resultados de experiências que podem ser difíceis de realizar na realidade.

1.2 Descoberta e desenvolvimento de medicamentos

No domínio dos produtos farmacêuticos, a IA generativa está a acelerar a descoberta de medicamentos. Ao simular interações moleculares, prever potenciais candidatos a medicamentos e otimizar estruturas moleculares, os modelos de IA contribuem para a identificação de novos medicamentos e simplificam o processo de desenvolvimento. Isto não só reduz os custos, como também acelera a entrega de novos tratamentos ao mercado.

2. Reforçar a criatividade na conceção e na engenharia:

2.1 Conceção generativa

A IA generativa está a revolucionar os processos de conceção em vários sectores. Na arquitetura e na engenharia, por exemplo, os algoritmos de design generativo podem explorar inúmeras possibilidades de design, tendo em conta parâmetros como a integridade estrutural, a eficiência dos materiais e a relação custo-eficácia. Isto resulta em designs inovadores e optimizados que podem não ser imediatamente visíveis através dos métodos tradicionais.

2.2 Assistência criativa

Nos domínios artístico e criativo, a IA generativa presta assistência aos criadores humanos. Os artistas e os designers podem colaborar com modelos de IA que geram elementos visuais, sugerem melhorias no design ou até criam música e literatura. Esta colaboração entre a intuição humana e as capacidades da IA conduz a resultados novos e únicos.

3. Revolucionando a geração e o aumento de dados:

3.1 Geração de dados sintéticos

A IA generativa é fundamental para criar conjuntos de dados sintéticos para treinar modelos de aprendizagem automática. Isto é particularmente valioso em situações em que os dados do mundo real podem ser limitados, dispendiosos ou sensíveis. A capacidade de gerar conjuntos de dados diversos e realistas aumenta a robustez e a generalização dos modelos de aprendizagem automática.

3.2 Aumento dos dados

Na investigação, onde os grandes conjuntos de dados são frequentemente essenciais, a IA generativa ajuda a aumentar os dados. Ao gerar variações dos dados existentes, os investigadores podem expandir os seus conjuntos de dados, melhorando o desempenho e a precisão dos modelos de aprendizagem automática. Isto é particularmente útil em domínios como a visão por computador e o processamento de linguagem natural.

4. Personalizar as experiências dos utilizadores:

4.1 Recomendações personalizadas

A IA generativa está a transformar a forma como os utilizadores interagem com as plataformas digitais. Os sistemas de recomendação, alimentados por modelos generativos, analisam o comportamento e as preferências do utilizador para fornecer sugestões personalizadas. Isto é evidente nos serviços de transmissão de conteúdos, nas plataformas de comércio eletrónico e nas redes sociais, onde os utilizadores recebem recomendações personalizadas com base nas suas interações anteriores.

4.2 Cuidados de saúde personalizados

No sector da saúde, a IA generativa contribui para a medicina personalizada. Ao analisar os dados dos doentes, incluindo a informação genética, os modelos de IA podem ajudar a adaptar os planos de tratamento, a prever os riscos de doença e a recomendar intervenções personalizadas de acordo com as caraterísticas únicas de cada indivíduo.

5. Superar as limitações de recursos:

5.1 Otimização em processos com utilização intensiva de recursos

A IA generativa ajuda a ultrapassar as limitações de recursos em processos com utilização intensiva de recursos. Por exemplo, em indústrias como a indústria transformadora, em que os protótipos e testes físicos podem ser demorados e dispendiosos, as simulações de IA generativa podem otimizar os processos, reduzindo a necessidade de experimentação física extensiva.

5.2 Acelerar os ciclos de inovação

Ao automatizar certos aspectos da investigação e da inovação, a IA generativa acelera os ciclos de inovação. Os investigadores podem iterar ideias mais rapidamente, testar hipóteses de forma eficiente e explorar uma gama mais alargada de possibilidades em prazos mais curtos.

6. Desafios e considerações:

6.1 Preocupações éticas e de preconceito

A IA generativa introduz considerações éticas, incluindo a possibilidade de os enviesamentos presentes nos dados de treino serem perpetuados no conteúdo gerado. Garantir a equidade, a transparência e abordar os preconceitos nos modelos de IA são aspectos críticos da utilização responsável da IA.

6.2 Interpretabilidade e confiança

A complexidade dos modelos de IA generativa resulta frequentemente numa falta de interpretabilidade, o que torna difícil compreender a forma como as decisões são tomadas. A criação de confiança nos sistemas de IA exige esforços para aumentar a transparência e fornecer explicações para os resultados gerados.

6.3 Implicações regulamentares e jurídicas

À medida que as aplicações de IA generativa proliferam, os quadros regulamentares e as normas jurídicas poderão ter de evoluir para abordar questões relacionadas com a propriedade intelectual, a privacidade e a responsabilidade. Encontrar o equilíbrio certo entre a promoção da inovação e a salvaguarda dos direitos é um desafio complexo.

7. O futuro da IA generativa na investigação e inovação:

A IA generativa está pronta para ser uma força motriz em futuros projectos de investigação e inovação. À medida que a tecnologia avança, será crucial enfrentar os desafios actuais e as considerações éticas. A integração colaborativa da IA generativa com os conhecimentos humanos é suscetível de conduzir a descobertas e inovações que eram anteriormente inimagináveis.

Em conclusão, o impacto transformador da IA generativa na investigação e inovação é multifacetado. Da simulação de fenómenos científicos à otimização dos processos de conceção e à personalização das experiências dos utilizadores, as aplicações são diversas e impactantes. Embora persistam desafios como as considerações éticas e a interpretabilidade, os potenciais benefícios ultrapassam de longe os inconvenientes. À medida que a IA generativa continua a evoluir, o seu papel na definição do futuro da investigação e da inovação está destinado a ser profundo.

Declarações de problemas da utilização da IA generativa

A IA generativa, um subconjunto da inteligência artificial (IA), registou avanços significativos nos últimos anos, graças ao desenvolvimento de modelos de aprendizagem profunda, como as redes adversariais generativas (GAN) e os autoencodificadores variacionais (VAE). Estes modelos demonstraram capacidades notáveis na geração de dados realistas e diversificados, incluindo imagens, texto e até música. No entanto, o domínio da IA generativa não está isento de desafios. À medida que investigadores e engenheiros se aprofundam nas complexidades da criação de máquinas verdadeiramente inteligentes e criativas, surgem vários desafios fundamentais. Neste debate, vamos explorar alguns dos principais desafios que a IA generativa enfrenta, lançando luz sobre os obstáculos que os investigadores pretendem ultrapassar para progredir neste domínio.

1. Modo de colapso:

Um dos desafios mais conhecidos na IA generativa é o colapso do modo, um fenómeno em que um gerador produz amostras limitadas e repetitivas, não conseguindo captar toda a diversidade dos dados de treino. No contexto dos GAN, o colapso do modo ocorre quando o gerador consegue enganar o discriminador com um conjunto específico de amostras, negligenciando outros modos presentes nos dados de treino. Isto resulta num conteúdo gerado que carece de variedade e pode prejudicar a utilidade geral do modelo. Os investigadores estão a trabalhar ativamente no desenvolvimento de técnicas para atenuar o colapso do modo, como a incorporação de métodos de regularização e a melhoria da dinâmica de formação dos GAN.

2. Métricas de avaliação:

Avaliar a qualidade do conteúdo gerado é uma tarefa nada trivial e a falta de métricas de avaliação bem definidas e universalmente aceites representa um desafio significativo no domínio da IA generativa. As métricas tradicionais, como a precisão e a recuperação, são frequentemente insuficientes para captar a complexidade dos dados gerados, especialmente em domínios como o processamento de linguagem natural e a geração de imagens. O desenvolvimento de métricas de avaliação abrangentes que se alinhem com a perceção e o julgamento humanos é uma área de investigação em curso. Foram propostas métricas como a Distância de Incepção de Fréchet (FID) e a Pontuação de Incepção, mas ainda há espaço para melhorias para medir com precisão o desempenho dos modelos generativos.

3. Instabilidade de formação:

O treino de modelos generativos pode ser notoriamente instável. Os GANs, em particular, são conhecidos por sua sensibilidade aos hiperparâmetros e pelo potencial de colapso do modo durante o treinamento. Conseguir um equilíbrio entre o gerador e o discriminador, otimizar as taxas de aprendizagem e gerir a convergência são desafios comuns. Os investigadores estão a explorar várias técnicas para melhorar a estabilidade do treino, como o ajuste de algoritmos de otimização, a incorporação de diferentes funções de perda e a experimentação de arquitecturas de rede para encontrar o equilíbrio certo que promova um treino estável e eficaz.

4. Eficiência dos dados:

Muitos modelos generativos requerem grandes quantidades de dados de treino para atingir um desempenho satisfatório. A necessidade de conjuntos de dados extensos pode ser um obstáculo, especialmente em cenários em que a aquisição de dados rotulados é morosa ou dispendiosa. Os investigadores estão a explorar ativamente métodos para melhorar a eficiência dos modelos generativos em termos de dados, incluindo técnicas como a aprendizagem por transferência, a meta-aprendizagem e a aprendizagem com poucos dados. Estas abordagens têm como objetivo permitir que os modelos generalizem melhor a partir de dados limitados, tornando a IA generativa mais acessível e aplicável em situações do mundo real.

5. Interpretabilidade e controlo:

Os modelos generativos funcionam frequentemente como caixas negras, o que torna difícil compreender e interpretar os processos subjacentes que levam à produção de resultados específicos. Esta falta de interpretabilidade pode ser uma preocupação significativa, especialmente em aplicações em que a responsabilidade e a transparência são cruciais. Os investigadores estão a investigar formas de melhorar a interpretabilidade dos modelos generativos, permitindo aos utilizadores compreender e controlar melhor o conteúdo gerado. Isto inclui o desenvolvimento de técnicas de explicação e a incorporação de abordagens guiadas pelo utilizador para orientar o processo generativo.

6. Especificidade do domínio:

Muitos modelos generativos são treinados em domínios específicos, como imagens ou texto, e têm dificuldade em generalizar para diversos tipos de dados. As tarefas generativas entre domínios, em que se espera que um modelo treinado num tipo de dados gere conteúdos num domínio diferente, apresentam desafios significativos. Os investigadores estão a explorar métodos para criar modelos generativos mais versáteis e agnósticos em relação ao domínio. Isto implica o desenvolvimento de arquitecturas e estratégias de formação que permitam que os modelos se adaptem a várias distribuições de dados e gerem conteúdos de alta qualidade em diferentes domínios.

7. Considerações éticas:

As implicações éticas da IA generativa estão a tornar-se cada vez mais importantes à medida que estes modelos ganham mais destaque. As preocupações relacionadas com a potencial utilização incorrecta da tecnologia generativa, como as falsificações profundas e a geração de conteúdos enganadores, levantam questões éticas. Garantir a utilização responsável da IA generativa exige o desenvolvimento de orientações éticas, quadros de governação sólidos e a integração de considerações éticas na conceção e implantação de modelos generativos.

8. Incerteza e robustez:

Os modelos generativos carecem frequentemente de mecanismos para exprimir a incerteza das suas previsões, o que é um aspeto crítico, especialmente em aplicações em que a estimativa da confiança é vital. Além disso, garantir a robustez face a ataques de adversários é um problema difícil. Os investigadores estão a explorar formas de melhorar as capacidades de modelação da incerteza dos modelos generativos, tornando-os mais fiáveis e resistentes a perturbações e a entradas adversárias.

9. Geração em tempo real:

A capacidade de gerar conteúdos em tempo real é essencial para muitas aplicações, como os jogos de vídeo, a realidade virtual e a multimédia interactiva. Conseguir gerar conteúdos em tempo real com resultados de alta qualidade representa um desafio considerável, uma vez que os modelos generativos envolvem frequentemente cálculos complexos e grandes arquitecturas de redes neurais. Melhorar a eficiência dos modelos generativos e explorar as opções de aceleração de hardware são áreas de investigação ativa para responder às exigências das aplicações generativas em tempo real.

10. Modelação da dependência a longo prazo:

Alguns modelos generativos têm dificuldade em captar as dependências a longo prazo em dados sequenciais, como a linguagem natural. Este desafio é particularmente evidente em cenários em que é essencial gerar conteúdos coerentes e contextualmente relevantes em sequências alargadas. Os investigadores estão a trabalhar no desenvolvimento de modelos com mecanismos de memória e atenção melhorados para captar melhor as dependências a longo prazo, permitindo uma geração mais contextualmente consciente e coerente.

11. Geração multimodal:

A geração de conteúdos que abrangem várias modalidades, como a geração de imagens a partir de descrições textuais ou vice-versa, é uma tarefa complexa e difícil. A integração de informações de diferentes modalidades requer modelos que possam aprender e representar eficazmente as relações entre diversos tipos de dados. Os avanços nos modelos generativos multimodais têm como objetivo facilitar a geração contínua de conteúdos que combinem informações de várias fontes, aumentando a versatilidade e a utilidade da IA generativa.

12. Impacto social e preconceitos:

A utilização de modelos generativos em aplicações do mundo real pode ter impactos sociais profundos. As questões relacionadas com a parcialidade dos dados de formação que conduzem a resultados tendenciosos, o reforço dos estereótipos existentes e as consequências não intencionais em contextos culturais diversos devem ser cuidadosamente consideradas. Os investigadores e os profissionais estão a explorar ativamente formas de atenuar os enviesamentos, promover a equidade e garantir que as aplicações de IA generativa contribuem positivamente para a sociedade.

Em conclusão, embora a IA generativa tenha feito progressos significativos, persistem vários desafios, que vão desde questões técnicas como o colapso do modo e a instabilidade da formação até considerações éticas mais amplas e impactos sociais. A resolução destes desafios exige uma abordagem multidisciplinar, envolvendo a colaboração entre investigadores, decisores políticos e partes interessadas da indústria. medida que a IA generativa continua a evoluir, a superação destes desafios abrirá caminho a modelos generativos mais robustos, interpretáveis e eticamente sólidos, com diversas aplicações em vários domínios.

Âmbito futuro da IA generativa

A Inteligência Artificial (IA) generativa está a evoluir rapidamente e é uma promessa imensa para o futuro em vários domínios. À medida que nos aprofundamos no âmbito futuro da IA geradora, torna-se evidente que o seu impacto será transformador e de grande alcance, influenciando as indústrias, a criatividade, a resolução de problemas e o próprio tecido das interações homem-máquina.

Uma das áreas mais proeminentes em que a IA generativa está preparada para revolucionar o futuro é no domínio da criação de conteúdos. Quer se trate de gerar texto realista, imagens ou mesmo apresentações multimédia completas, a IA generativa tem o potencial de aumentar a criatividade humana e simplificar os processos de criação de conteúdos. Isto é particularmente significativo em sectores como o marketing, onde o conteúdo personalizado e envolvente é crucial. A capacidade da IA generativa para compreender padrões, preferências e comportamentos dos utilizadores permite-lhe criar conteúdos que ressoam com públicos específicos, melhorando a eficiência global dos canais de criação de conteúdos.

Além disso, a IA generativa está pronta para redefinir o panorama da realidade virtual e aumentada. À medida que estas tecnologias imersivas se tornam cada vez mais prevalecentes, aumenta a procura de ambientes virtuais realistas e dinâmicos. A IA generativa pode contribuir gerando texturas, paisagens e elementos interactivos realistas, criando uma experiência virtual mais convincente e envolvente. Isto não só melhora o entretenimento e os jogos, como também se estende a aplicações no domínio da educação, da formação e das simulações, em que os ambientes virtuais realistas têm um valor inestimável.

No domínio dos cuidados de saúde, prevê-se que a IA generativa venha a desempenhar um papel fundamental na revolução da imagiologia e do diagnóstico médicos. A capacidade dos modelos de IA generativa para analisar e interpretar dados médicos complexos, como radiografias e exames de ressonância magnética, pode levar a diagnósticos mais precisos e atempados. Isto tem o potencial de melhorar significativamente os resultados dos pacientes e reduzir a carga sobre os profissionais de saúde. Além disso, a IA generativa pode ser aproveitada para a descoberta de medicamentos, acelerando o processo de identificação de potenciais compostos terapêuticos e optimizando as formulações de medicamentos.

O futuro da IA generativa também é promissor para melhorar a compreensão e a comunicação em linguagem natural. Os modelos linguísticos alimentados pela IA geradora estão a tornar-se cada vez mais sofisticados, permitindo interações mais matizadas e conscientes do contexto. Isto tem implicações para os assistentes virtuais, os chatbots de apoio ao cliente e os serviços de tradução de línguas. À medida que a IA generativa continua a progredir, podemos esperar conversas mais fluidas e naturais com as máquinas, esbatendo as linhas entre a comunicação humana e a comunicação automática.

Outra área de impacto significativo é a personalização das experiências dos utilizadores. Os algoritmos de IA generativa podem analisar as preferências, os comportamentos e os dados históricos dos utilizadores para adaptar os produtos e serviços às necessidades individuais. Isto é evidente nos sistemas de recomendação utilizados por plataformas de streaming, sítios Web de comércio eletrónico e redes de redes sociais. À medida que os algoritmos de IA generativa se tornam mais hábeis a compreender e a prever as preferências dos utilizadores, o nível de personalização em várias experiências digitais é suscetível de atingir novos patamares.

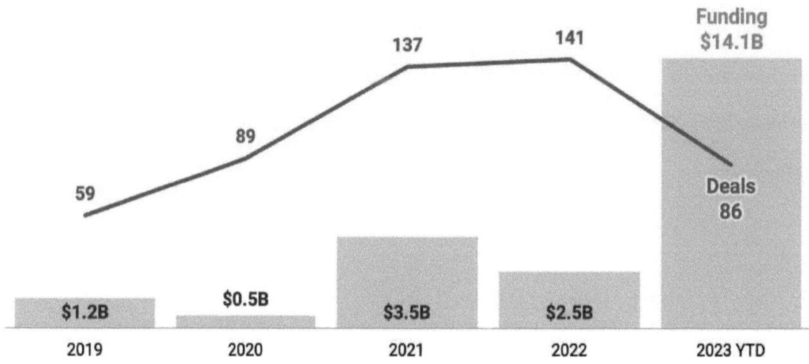

Figura 9: O interesse dos investidores na IA generativa

Além disso, espera-se que a IA generativa contribua significativamente para a automatização de tarefas complexas em todos os sectores. Quer se trate de automatizar os processos de design, otimizar a gestão da cadeia de fornecimento ou afinar os processos de fabrico, a IA generativa pode analisar vastos conjuntos de dados e obter informações para simplificar as operações. Isto tem o potencial de melhorar a eficiência, reduzir custos e libertar recursos humanos para se concentrarem em aspectos mais estratégicos e criativos do seu trabalho.

As considerações éticas e a implantação responsável da IA serão cruciais no futuro desenvolvimento e integração da IA generativa. À medida que estas tecnologias se tornam mais enraizadas na sociedade, será essencial abordar questões relacionadas com a parcialidade, a transparência e a responsabilidade. Será imperativo encontrar o equilíbrio correto entre inovação e considerações éticas para garantir que a IA generativa contribua positivamente para a sociedade.

Em conclusão, o âmbito futuro da IA geradora é vasto e promete transformar vários aspectos das nossas vidas. Da criação de conteúdos aos cuidados de saúde, à realidade virtual, à compreensão da linguagem e muito mais, o impacto da IA generativa está prestes a ser profundo. À medida que os investigadores e programadores continuam a alargar os limites do possível, é essencial abordar o desenvolvimento e a aplicação da IA geradora com uma consciência profunda das considerações éticas para aproveitar todo o seu potencial em benefício da humanidade.

Conclusão

Em conclusão, o advento da IA geradora marca uma era transformadora no domínio da inteligência artificial, introduzindo capacidades sem precedentes e potenciais aplicações em diversos domínios. À medida que nos aprofundamos nos meandros da IA generativa, torna-se evidente que o seu impacto vai muito além da mera automatização; é um catalisador para a inovação, a criatividade e a eficiência.

Um dos aspectos notáveis da IA generativa é a sua capacidade de gerar conteúdos que reflectem uma criatividade semelhante à humana. Através da utilização de algoritmos avançados, redes neurais e técnicas de aprendizagem profunda, os modelos de IA generativa, como o GPT-3 da OpenAI, demonstraram uma capacidade extraordinária de produzir texto, arte e até código coerentes e contextualmente relevantes. Isto tem implicações profundas na criação de conteúdos, uma vez que permite aos utilizadores aproveitar o poder da IA para gerar conteúdos personalizados e de alta qualidade em vários domínios.

Além disso, a IA generativa é muito promissora no domínio do processamento da linguagem natural (PNL). A capacidade destes modelos para compreender e gerar texto semelhante ao humano permite-lhes facilitar interações mais naturais e intuitivas entre humanos e máquinas. Desde os chatbots capazes de estabelecer conversas com significado até aos serviços de tradução de línguas que colmatam as lacunas linguísticas, a IA generativa está na vanguarda da melhoria da comunicação e da compreensão no panorama digital.

No domínio da criatividade, a IA generativa é uma ferramenta valiosa para artistas e designers. A geração de arte, música e outros resultados criativos por modelos de IA introduz uma nova dimensão no processo criativo. Os artistas podem colaborar com sistemas de IA para explorar novas ideias, experimentar estilos não convencionais e ultrapassar os limites da expressão artística tradicional. Esta sinergia entre a criatividade humana e os conteúdos gerados por máquinas abre novas possibilidades, desafiando as noções convencionais de autoria e criação artística. O impacto da IA generativa estende-se para além dos limites dos empreendimentos artísticos e criativos, infiltrando-se em sectores que dependem da tomada de decisões baseada em dados. Em domínios como as finanças, os cuidados de saúde e a indústria transformadora, a capacidade dos modelos de IA para analisar vastos conjuntos de dados, gerar conhecimentos e prever resultados tem o potencial de revolucionar os processos operacionais. Ao automatizar tarefas complexas e ao fornecer recomendações baseadas em dados, a IA generativa contribui para uma maior eficiência e para a tomada de decisões informadas em vários domínios profissionais.

As considerações éticas em torno da IA generativa são fundamentais. À medida que estes modelos ganham proeminência e se tornam parte integrante de vários aspectos da vida humana, as questões relativas ao desenvolvimento responsável da IA, à atenuação de preconceitos e à transparência vêm à tona. É imperativo encontrar um equilíbrio entre a inovação e as considerações éticas para garantir a implementação responsável das tecnologias de IA generativa. O diálogo e a colaboração contínuos entre tecnólogos, decisores políticos e especialistas em ética são cruciais para moldar o panorama ético do desenvolvimento e da aplicação da IA.

Apesar dos enormes avanços, persistem desafios no domínio da IA generativa. Questões como o potencial de utilização maliciosa, as implicações éticas do conteúdo gerado pela IA e a necessidade de salvaguardas robustas contra a desinformação colocam obstáculos significativos. É essencial que a comunidade da IA enfrente estes desafios de forma proactiva, trabalhando para o desenvolvimento de quadros éticos, orientações regulamentares e salvaguardas técnicas que promovam uma implantação responsável e segura das tecnologias de IA generativa.

Olhando para o futuro, a evolução da IA generativa deverá continuar a um ritmo acelerado. As melhorias iterativas nas arquitecturas dos modelos, nas metodologias de formação e na integração de abordagens interdisciplinares irão provavelmente ultrapassar os limites do que é atualmente possível. O desenvolvimento de modelos mais eficientes e escaláveis, juntamente com uma maior acessibilidade às ferramentas de IA generativa, irá democratizar os benefícios da IA em diversos sectores, promovendo uma paisagem tecnológica mais inclusiva e inovadora.

Em conclusão, a IA generativa é um testemunho do potencial ilimitado da inteligência artificial. A sua capacidade de gerar conteúdos semelhantes aos humanos, melhorar a comunicação, impulsionar a criatividade e informar a tomada de decisões sublinha o seu impacto transformador na sociedade. À medida que navegamos no cenário em evolução da IA, é essencial abordar o desenvolvimento e a implantação da IA generativa com um compromisso consciente com os princípios éticos, garantindo que estas tecnologias sirvam como instrumentos de progresso, beneficiando a humanidade como um todo.

Referências:

1. Goodfellow, I., Pouget-Abadie, J., Mirza, M., Xu, B., Warde-Farley, D., Ozair, S., ... & Bengio, Y. (2014). Redes adversárias generativas. Em Avanços em sistemas de processamento de informações neurais (pp. 2672-2680).

2. Radford, A., Metz, L., & Chintala, S. (2015). Aprendizagem de representação não supervisionada com redes adversárias generativas convolucionais profundas. arXiv preprint arXiv: 1511.06434.

3. Brock, A., Donahue, J., & Simonyan, K. (2018). Treinamento GAN em grande escala para síntese de imagens naturais de alta fidelidade. arXiv preprint arXiv: 1809.11096.

4. Kingma, D. P., & Welling, M. (2013). Auto-encoding variational bayes. arXiv preprint arXiv:1312.6114.

5. Zhu, J. Y., Park, T., Isola, P., & Efros, A. A. (2017). Tradução imagem-a-imagem não pareada usando redes adversárias consistentes em ciclo. Em Actas da conferência internacional do IEEE sobre visão computacional (pp. 2223-2232).

6. Radford, A., Narasimhan, K., Salimans, T., & Sutskever, I. (2018). Melhorando a compreensão da linguagem por pré-treinamento generativo. URL: https://s3-us-west-2. amazonaws. com/openai-assets/research-covers/language-unsupervised/language_understanding_paper. pdf.

7. Ha, D., & Schmidhuber, J. (2018). Modelos mundiais. arXiv preprint arXiv:1803.10122.

8. Dai, A. M., & Le, Q. V. (2015). Aprendizagem de sequência semi-supervisionada. Em Avanços em sistemas de processamento de informação neural (pp. 3079-3087).

9. Salimans, T., Goodfellow, I., Zaremba, W., Cheung, V., Radford, A., & Chen, X. (2016). Técnicas aprimoradas para treinamento de GANs. Em Avanços nos sistemas de processamento de informações neurais (pp. 2234-2242).

10. Creswell, A., White, T., Dumoulin, V., Arulkumaran, K., Sengupta, B., & Bharath, A. A. (2018). Redes adversárias generativas: Uma visão geral. Revista IEEE Signal Processing, 35(1), 53-65.

11. Odena, A., Olah, C., & Shlens, J. (2017). Síntese de imagem condicional com GANs de classificador auxiliar. Nos Anais da 34ª Conferência Internacional sobre Aprendizado de Máquina - Volume 70 (pp. 2642-2651).

12. Kingma, D. P., & Ba, J. (2014). Adam: Um método para otimização estocástica. arXiv preprint arXiv:1412.6980.

13. Vaswani, A., Shazeer, N., Parmar, N., Uszkoreit, J., Jones, L., Gomez, A. N., ... & Polosukhin, I. (2017). Atenção é tudo que você precisa. Em Advances in neural information processing systems (pp. 5998-6008).

14. Van den Oord, A., Kalchbrenner, N., & Kavukcuoglu, K. (2016). Pixel recurrent neural networks. arXiv preprint arXiv:1601.06759.

15. Arjovsky, M., Chintala, S., & Bottou, L. (2017). Wasserstein GAN. arXiv preprint arXiv:1701.07875.

16. Johnson, J., Alahi, A., & Fei-Fei, L. (2016). Perdas perceptivas para transferência de estilo e super-resolução em tempo real. Na conferência europeia sobre visão computacional (pp. 694-711). Springer, Cham.

17. Mirza, M., & Osindero, S. (2014). Conditional generative adversarial nets. arXiv preprint arXiv:1411.1784.

18. Chen, X., Duan, Y., Houthooft, R., Schulman, J., Sutskever, I., & Abbeel, P. (2016). Infogan: Aprendizagem de representação interpretável por redes

adversárias generativas que maximizam a informação. Em Avanços em sistemas de processamento de informações neurais (pp. 2172-2180).

19. Isola, P., Zhu, J. Y., Zhou, T., & Efros, A. A. (2017). Tradução de imagem para imagem com redes adversárias condicionais. Em Proceedings da conferência do IEEE sobre visão computacional e reconhecimento de padrões (pp. 1125-1134).

20. Bowman, S. R., Vilnis, L., Vinyals, O., Dai, A. M., Jozefowicz, R., & Bengio, S. (2016). Geração de frases a partir de um espaço contínuo. arXiv preprint arXiv:1511.06349.

21. Liu, M. Y., Breuel, T., & Kautz, J. (2017). Redes de tradução imagem-a-imagem não supervisionadas. Em Advances in neural information processing systems (pp. 700-708).

22. Li, C., Wand, M., & Belongie, S. (2016). Combinando campos aleatórios de Markov e redes neurais convolucionais para síntese de imagens. Nos Anais da conferência do IEEE sobre visão computacional e reconhecimento de padrões (pp. 2479-2486).

23. Gehring, J., Auli, M., Grangier, D., Yarats, D., & Dauphin, Y. N. (2017). Sequência convolucional para aprendizagem de sequência. Em Actas da 34.ª Conferência Internacional sobre Aprendizagem Automática - Volume 70 (pp. 1243-1252).

24. Hinton, G., Deng, L., Yu, D., Dahl, G. E., Mohamed, A. R., Jaitly, N., ... & Kingsbury, B. (2012). Redes neurais profundas para modelação acústica no reconhecimento da fala: As visões partilhadas de quatro grupos de investigação. Revista IEEE Signal processing, 29(6), 82-97.

Printed by Books on Demand GmbH, Norderstedt / Germany